实验室安全通识

主　　编　姜周曙

编　　者　樊　冰　林海旦　亓文涛　金伟刚

美术设计　倪梦圆

危险辨识　安全评估
操作规程　应急处置

科学出版社
北京

内 容 简 介

本书以实验前、实验中和实验后三个时间阶段，阐述实验人员应知应会的实验室安全通识内容，旨在使实验人员养成安全、卫生、健康和文明的行为规范。本书共分为基本常识、消防安全、火灾逃生、机械安全、电气安全、化学安全和安全标志等 7 个部分，并以"☆"星号标注内容的重要度。

本书可作为中小学、职业技术院校、高等学校和科研院所的教师、学生和工作人员进行实验室安全教育的通识读本、宣传资料和安全手册。

图书在版编目（CIP）数据

实验室安全通识 / 姜周曙主编 . —北京：科学出版社，2022.8
ISBN 978-7-03-072852-4

Ⅰ. ①实… Ⅱ. ①姜… Ⅲ. ①实验室管理 – 安全管理 Ⅳ. ① G311

中国版本图书馆 CIP 数据核字(2022) 第 146136 号

责任编辑：范运年 / 责任校对：王萌萌
责任印刷：师艳茹 / 装帧设计：赫　健

科 学 出 版 社 出版
北京东黄城根北街16号
邮政编码：100717
http://www.sciencep.com

北京九天鸿程印刷有限责任公司 印刷
科学出版社发行　各地新华书店经销
*
2022年8月第 一 版　开本：880×1230　1/20
2023年1月第三次印刷　印张：3 4/5
字数：40 000

定价：25.00元
(如有印装质量问题，我社负责调换)

前　言

随着国家教育事业的发展和科学技术的进步，实验室已成为人才培养和科研开发的基础设施，实验工作具有探索性、挑战性和风险性。学校的实验室普遍具有新人多、流动性大等特点，加之实验室安全的教育、理念、场地空间、资金和管理等方面存在不足，极易发生事故，其危险性和事故率远高于工商企业，而工商企业发生的许多事故，往往可以追溯到学校实验室安全教育的缺失。实验室安全"人命关天"，是学校应坚守的底线，与无数师生和实验从业者家庭的安全、健康和幸福息息相关。

多年来，国内外实验室内的事故屡有发生，造成了令人痛心的人身伤亡、财产损失和负面的社会影响，教训十分深刻。安全教育不足和实验人员的不安全行为，无疑是事故发生的重要原因所在。实验室安全教育教学长期被忽视，是学校的"软肋"。实验室安全存在"总是由事故驱动"，"投入大产出小"，"不出事就没事"，"积弊深抓手少"等错误观念，实验室安全教育缺乏实效性。

因此，必须从"立德树人"和"以人为本"的高度，重视安全意识、安全知识、安全行为和安全技能的教育教学。从中小学开始，由浅入深地将实验室安全贯穿于终身教育的每个阶段，将实验室安全列为基础教育、通识教育和素质教育的重要内容，使学生和实验室工作人员养成安全、卫生、健康、文明的行为，实现"要我安全"到"我要安全"，由本能约束、强制教育、自主规范向群体自觉的质变。

实验室安全的真谛是"防患于未然"。实验室内的学习和工作人员，应当谙熟实验室安全基本常识和必备的技术安全常识，并且通过长期实践和训练，养成自觉、严谨和规范的安全行为规范，践行危险源辨识、风险评估、操作规范和应急处置的正确方法，严格做到不伤害自己、不伤害他人、不被他人伤害和保护他人不被伤害的基本要求。

　　本书从实验前、实验中和实验后三个阶段的不同要求出发，引导读者在规定的时间做恰当的事情，精心编纂实验人员应知应会的基本常识、消防安全、火灾逃生、机械安全、电气安全、化学安全和安全标志等 7 个部分的实验室安全通识内容，并以"☆"星号标注内容的重要度。本书通过图文并茂的彩色漫画形式展示实验室安全知识，力求通俗易懂，为读者所喜闻乐见，使实验室安全知识稔熟于心、实践于行，知行合一，达成潜移默化的教育效果。

　　本书编纂过程中，杭州电子科技大学国有资产与实验室管理处樊冰、林海旦、亓文涛和金伟刚等教师参与了资料收集、文本创作、内容凝练等过程和多次的深入讨论，中国美术学院倪梦圆硕士克服各种困难，深入实验室调研采风，在美术设计方面精益求精。

　　本书立足于实验室安全的基础和通识教育需求，随着实验人员学习和从业经历的延续，要更深入地掌握实验室安全知识和技能，则有赖于学科和专业的学习和实践。

　　感谢教育部高等学校科研实验室安全专家委员会、浙江省教育厅校园安全处、中国高等教育学会实验室工作分会和浙江省高校实验室研究会的支持！

　　感谢浙江大学冯建跃教授、清华大学杜奕高级工程师对本书的创作给予的专业指导和宝贵建议，感谢中国美术学院胡惠君、杭州电子科技大学吕强、浙江中医药大学王辉、浙江师范大学林建军和绍兴文理学院阮谢永等教授给予的无私帮助，感谢浙江省教育厅胡惠华、吕华和潘伟川等领导同志的热情鼓励，感谢科学出版社编辑对本书付出的辛勤努力，对他们的专业学识和敬业精神深表钦佩。正是在各位同仁强烈的社会责任感、公益情怀的激励和全力支持下，本书才得以顺利出版。

　　由于编者水平和资料掌握所限，书中的不足之处在所难免，诚望读者和专家不吝赐教，以便再版时修正和补充。

目　录

进入实验室前应知道什么安全信息？/ 基本常识　　**实验室安全通识**

进入实验室前，应查看实验室门口的安全信息牌，了解实验室内的危险源、安全风险、应急处置方法和个人防护要求。

重要度 ★★☆

实验室安全通识

基本常识 / 实验室有什么安全设施?

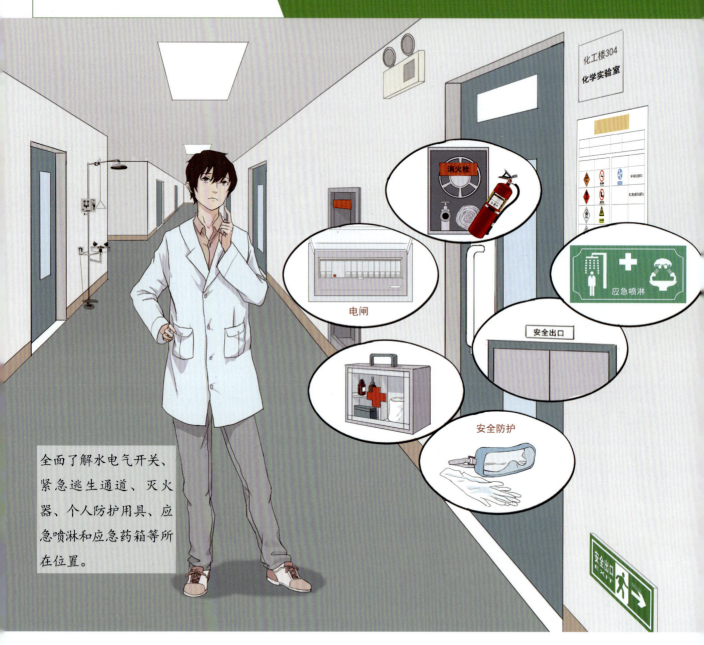

化工楼304
化学实验室

消火栓

电闸

应急喷淋

安全出口

安全防护

全面了解水电气开关、紧急逃生通道、灭火器、个人防护用具、应急喷淋和应急药箱等所在位置。

安全出口

重要度 ★★☆

实验室安全通识

实验室应配备什么个人安全防护用品？/ **基本常识**

帽子

护目镜

手套

实验服

鞋子

在实验室进行有危险性的实验操作时，应穿戴实验服或防护服，合理穿戴手套、护目镜等个人专业防护用品，尽量避免皮肤裸露。

重要度 ★ ★ ☆

实验室安全通识

基本常识 / 实验人员不能穿什么?

实验室内不得穿短袖上衣、短裤、拖鞋、凉鞋、高跟鞋和裙子。

重要度 ★☆☆

食物是否可以带入实验室? / 基本常识 **实验室安全通识**

重要度 ★☆☆

实验室安全通识

基本常识 / 实验安全 "三要素" 是什么?

重要度 ★ ★ ★

做实验前首先应知道什么？ / 基本常识　实验室安全通识

安全风险

操作规程

当心触电

应急处置

实验步骤

腐蚀品
8

重要度 ★☆☆

实验室安全通识

基本常识 / 为什么必须了解仪器设备操作规程？

应按照仪器设备操作规程正确开展实验。

操作规程

操作规程

重要度 ★ ★ ★

实验室内是否可以嬉戏打闹? / 基本常识　　实验室安全通识

实验室内不得互相追逐、嬉戏和打闹。

重要度 ★☆☆

实验室安全通识　基本常识 / 实验室内茶具是否可以任意放置？

实验室内不得饮食或举行娱乐活动；水瓶、水杯应统一放置在实验区之外的茶水桌上。

操作规程

茶 水 处

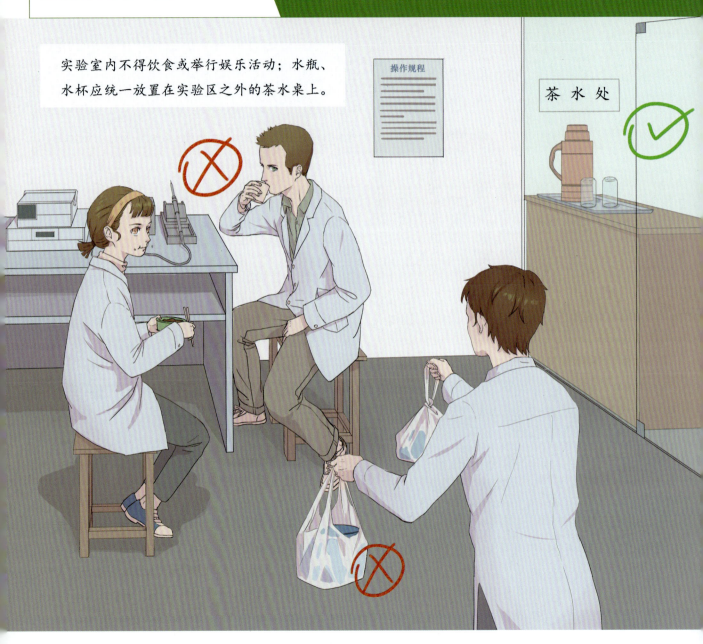

重要度 ★☆☆

夜间实验有什么安全规定? / 基本常识　　实验室安全通识

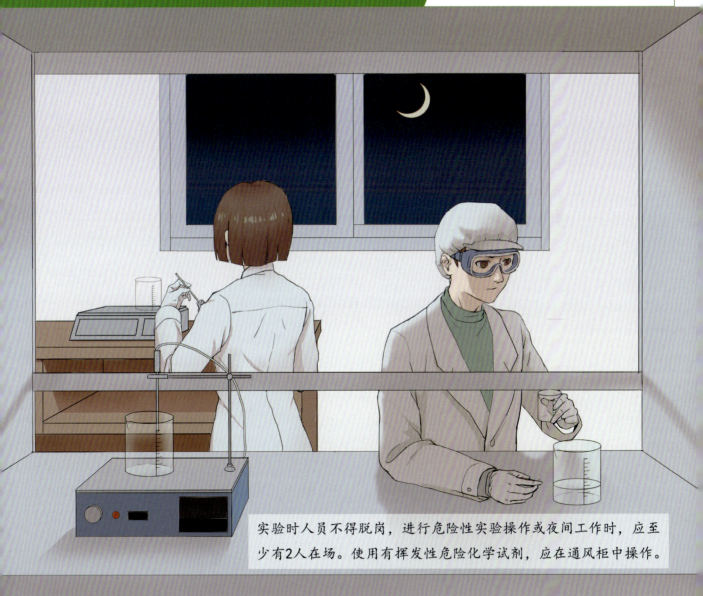

实验时人员不得脱岗,进行危险性实验操作或夜间工作时,应至少有2人在场。使用有挥发性危险化学试剂,应在通风柜中操作。

重要度 ★☆☆

实验室安全通识

基本常识 / 实验室是否可以留宿？

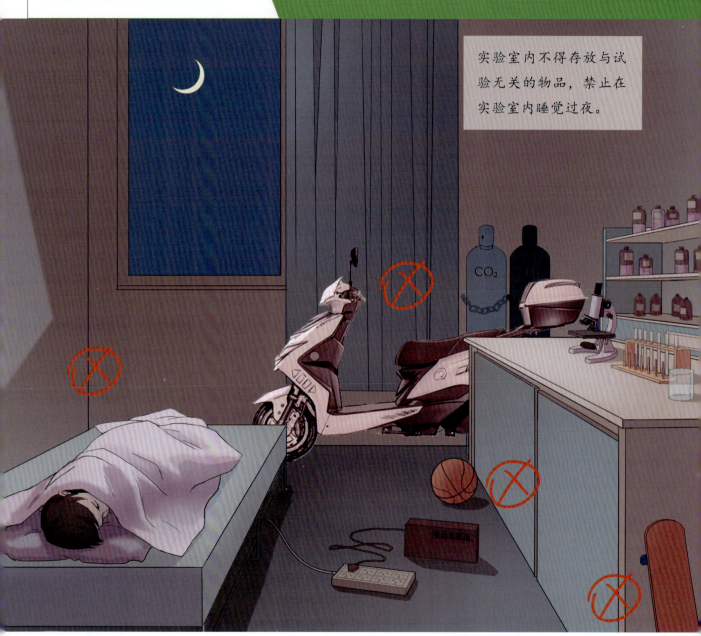

实验室内不得存放与试验无关的物品，禁止在实验室内睡觉过夜。

重要度 ★☆☆

实验室设备用电应注意什么？ / 基本常识　　**实验室安全通识**

无人值守时，应关闭电脑、空调、电加热器和饮水机等用电器具，电池不得过夜充电。

重要度 ★★☆

实验室安全通识

化学安全 / 戴手套做有毒害危险实验有什么安全规定?

穿着化学、生物类实验服或带实验手套时，不得出入非实验区。
戴手套只能触摸污染区，污染区应定期消毒或更换污染膜。

重要度 ★ ☆ ☆

戴手套做有毒害危险实验不能触碰什么物品? / 化学安全　**实验室安全通识**

不得穿戴实验手套操作电脑、按电梯按钮或开启冰箱，防止手套上的有毒有害物质污染办公或生活设施。

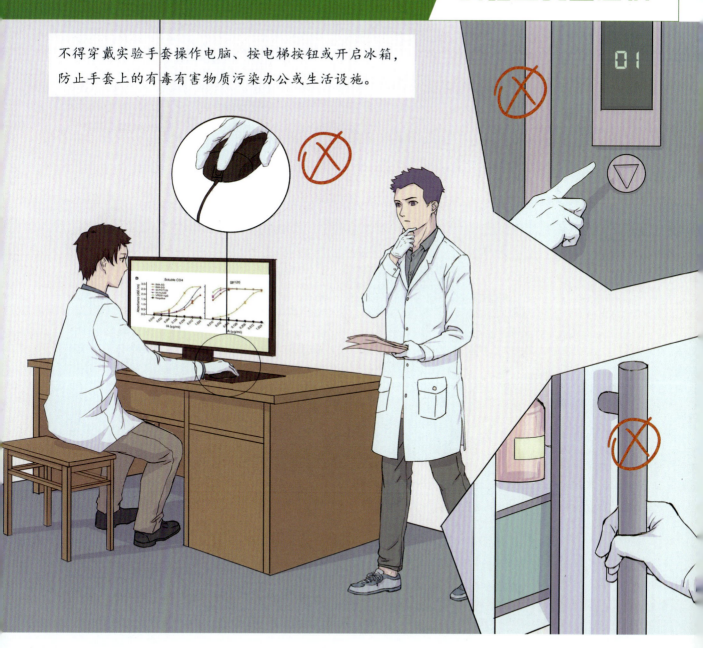

重要度　★★☆

实验室安全通识

基本常识 / 实验完毕是否可以直接离开实验室?

实验完毕,必须将实验设备和器材放置回原位,并清洁实验室卫生。

重要度 ★ ★ ★

离开实验室前必须做什么？ / 基本常识　　**实验室安全通识**

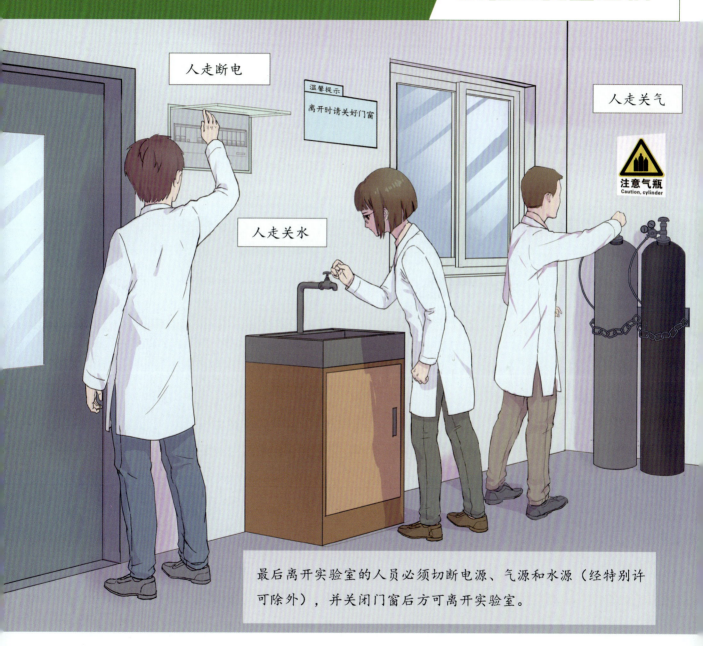

最后离开实验室的人员必须切断电源、气源和水源（经特别许可除外），并关闭门窗后方可离开实验室。

重要度 ★★★

实验室安全通识

基本常识 / 穿实验防护服是否可以走出实验室?

走出实验室之前,应脱去工作服或防护服,并穿上日常生活服。

重要度 ★☆☆

实验后是否可以不消毒洗手? / 基本常识　**实验室安全通识**

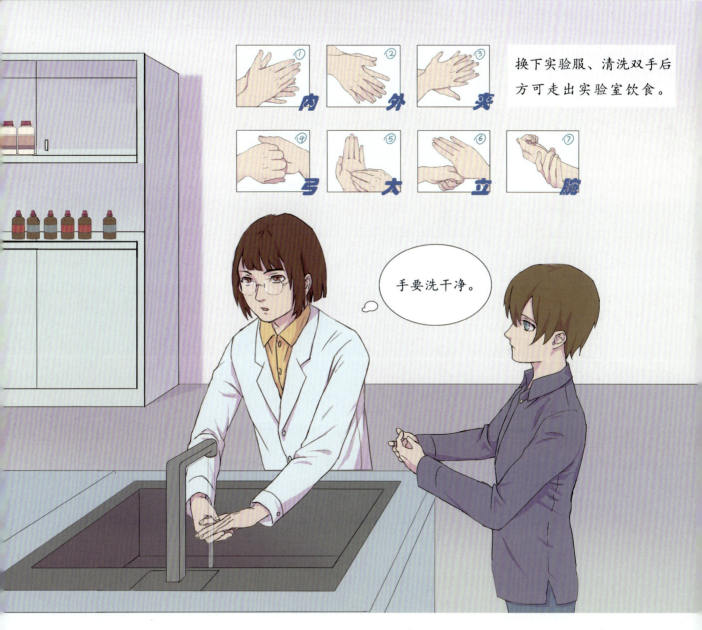

换下实验服、清洗双手后方可走出实验室饮食。

①内 ②外 ③夹 ④弓 ⑤大 ⑥立 ⑦腕

手要洗干净。

重要度 ★★☆

实验室安全通识

基本常识 / 工作服与个人衣物是否可以放在一起洗？

工作服与个人衣物要分开洗涤。

生活服

工作服

重要度 ★☆☆

消防通道是否可以堆积物品? / **消防安全** **实验室安全通识**

实验室消防通道必须保持通畅，严禁堆放杂物，严禁锁闭逃生门。

重要度 ★★★

实验室安全通识

消防安全 / 发生火灾是否必须立即逃离火场?

实验室发生火灾时,应遵循"初起火情扑救和控制、无法控制尽量逃生,烟火弥漫、道路不清而无法逃生时应尽快躲避"的原则。

重要度 ★★★

初起火灾如何扑救？／ 消防安全　　**实验室安全通识**

初起火灾（15分钟以内），应立即使用灭火毯灭火。

重要度　★★☆

实验室安全通识

消防安全 / 灭火器如何正确使用?

指针在绿区时可以正常使用

灭火器正确使用方法：提起并晃动灭火器、占据上风位置、距起火点5米、拔出保险销、一只手握住喷头、另一只手按下压把、灭火器直立、喷火对准火焰根部扫射。

重要度 ★★☆

发生火灾是否可以乘电梯? / **火灾逃生** **实验室安全通识**

重要度 ★★☆

实验室安全通识 火灾逃生 / 从火灾现场逃生应注意什么?

消防门

火灾逃生时,应按响报警器,用湿毛巾捂住口鼻,尽量靠近地面,从安全出口快速撤离火灾现场,并关闭身后消防门。

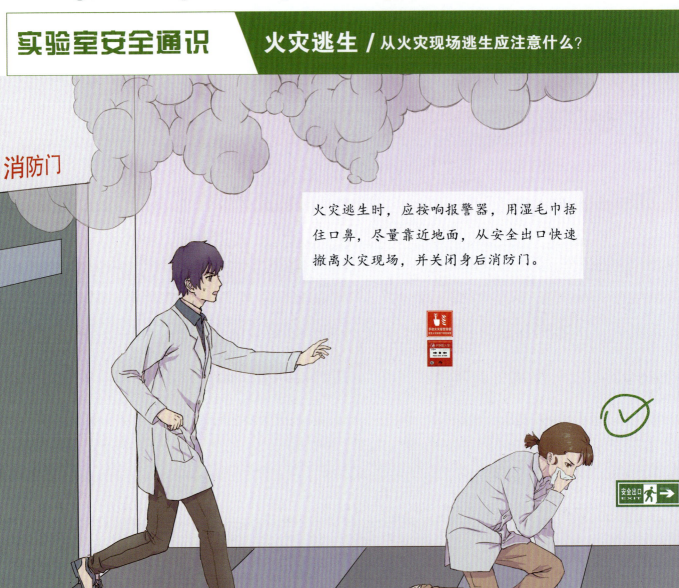

安全出口 EXIT →

重要度 ★ ★ ☆

发生大火如何正确应对? / 火灾逃生　实验室安全通识

实验室安全通识　火灾逃生 / 火灾报警呼救应注意什么?

发生火灾时应立刻打119火警电话,说清楚单位所在位置、建筑名称或楼号、楼层、房间号和火灾原因,迅速请求救援。切不可试图跳窗逃生。

重要度 ★ ☆ ☆

逃生后是否可以再次返回火场？ / 火灾逃生　**实验室安全通识**

冲出受困区后，谨记生命第一，除了消防员，其他人切勿返回火场。

留在安全地带，不允许进入火场取物品！

我的电脑还在里面！

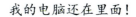

重要度 ★☆☆

实验室安全通识

机械安全 / 机械操作着装有什么安全要求?

车床操作工作应穿戴工作衣帽、辫子置于工作帽内、扎紧袖口,不准围围巾。高速切削或切削铸铁、铝、铜工件时,必须戴防护镜。不可以戴手套操作机床(装夹工件除外)。

重要度 ★★☆

戴手套是否可以检修旋转机械? / **机械安全** **实验室安全通识**

机械转动和带电运转时,禁止设备检修操作,禁止戴手套触碰旋转部件或旋转部位。

还在转动,不能触碰!

重要度 ★★☆

实验室安全通识

机械安全 / 戴手套是否可以操作机床？

操作钻床、铣床和车床设备时，禁止戴手套操作。

不能戴手套！

重要度 ★★☆

电动工具安全操作应注意什么？/ **电气安全**　　**实验室安全通识**

手持电动工具应戴绝缘手套、穿绝缘鞋、戴口罩和护目镜。

绝缘手套

重要度　★☆☆

实验室安全通识

电气安全 / 雨湿环境是否可以用手操作带电器具?

在雨天、潮湿环境或手上有水渍、汗渍时，禁止操作带电的电气设备。

重要度 ★☆☆

电气设备安全操作应注意什么？/ 电气安全　　**实验室安全通识**

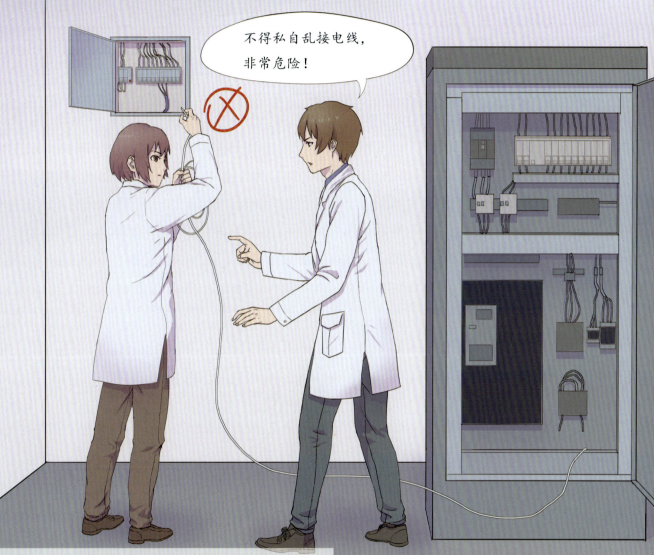

严禁私拉乱接电线，不得使用老化的电线。带电操作时，必须戴绝缘手套，并使用专用电工工具。

重要度 ★ ☆ ☆

实验室安全通识

电气安全 / 电器接插件不合格或发生破损是否可以使用？

禁止使用被淘汰的旧国标万能插座、插头和接线板，禁止使用烧焦、变形、破损或老旧的插座、插头和接线板。

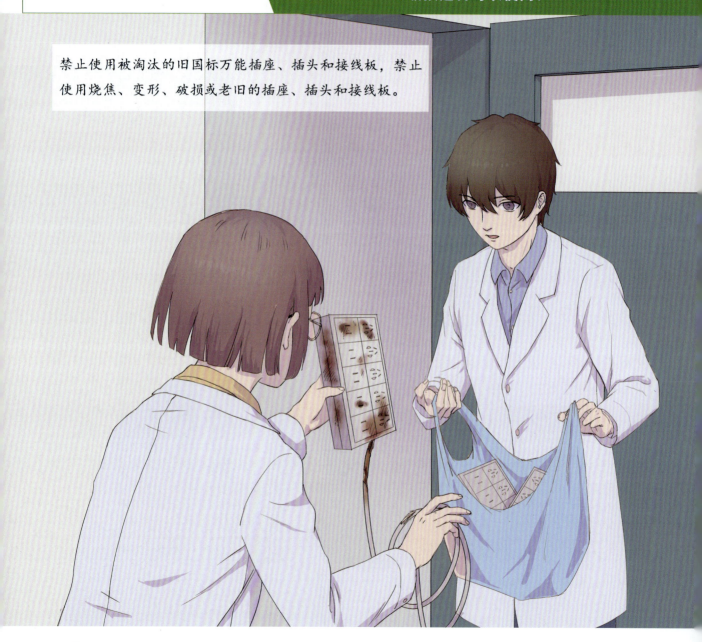

重要度 ★☆☆

电器接插件安全使用应注意什么? / 电气安全 **实验室安全通识**

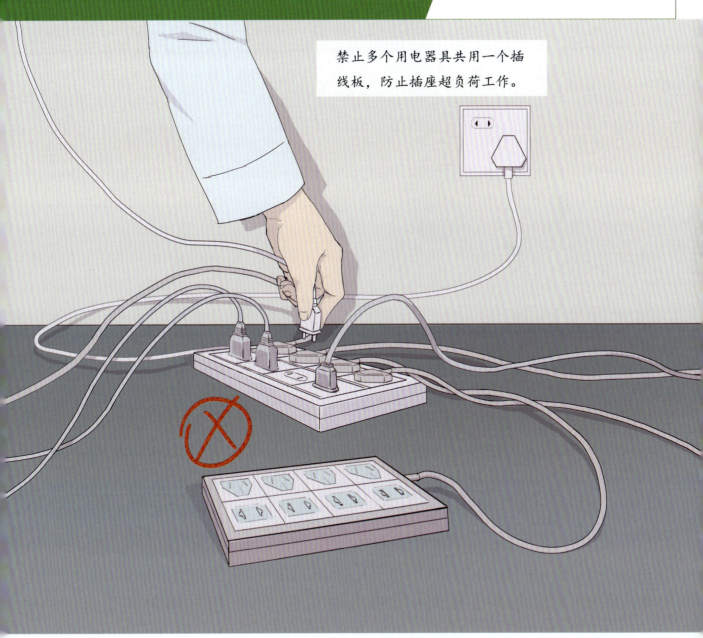

禁止多个用电器具共用一个插线板，防止插座超负荷工作。

重要度 ★★☆

实验室安全通识

电气安全 / 是否可以任意使用大功率电器?

实验室内严禁使用电热水壶等大功率违规电器,插头和插座应与设备功率匹配,电线接头应绝缘可靠。

重要度 ★★★

是否可以用水扑救电器设备火灾？/ 电气安全　　**实验室安全通识**

禁止用水扑救电器和仪器类火灾。

重要度 ★★☆

实验室安全通识　电气安全 / 发生火灾必须首先做什么？

发生火灾时，必须首先切断电源，再进行灭火扑救。

重要度 ★★☆

贵重仪器设备用什么灭火器？／ 消防安全　　**实验室安全通识**

贵重仪器设备不得使用水或干粉灭火器，可使用气体灭火器。

操作规程

气体灭火器

重要度 ★☆☆

实验室安全通识

电气安全 / 触电救援必须首先做什么?

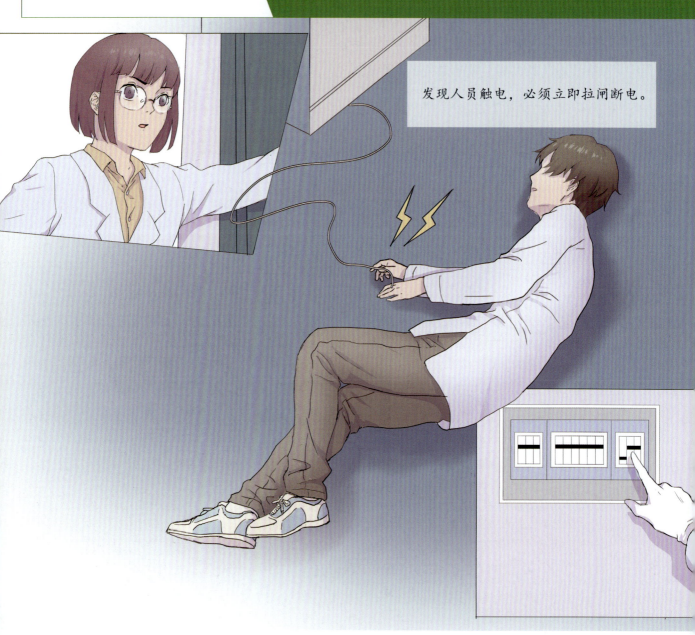

发现人员触电,必须立即拉闸断电。

重要度 ★ ★ ★

触电急救和呼救的正确方法是什么？/ 电气安全　实验室安全通识

使用绝缘的棍棒，挑开电源线。

触电者脱离电源后，将其搬抬至通风干燥处仰卧，并立即拨打120急救电话。

120吗？有人触电！地址是……

重要度 ★★☆

实验室安全通识

化学安全 / 化学品存放应注意什么?

实验室内严禁过量存放危化品。

化学品应存储在通风、隔热、避光的安全区域，实验室内不得过量存放易燃易爆品、强氧化剂或强腐蚀性试剂。

重要度 ★☆☆

饮料瓶盛放化学试剂有什么规定? / 化学安全 **实验室安全通识**

使用饮料瓶储存化学试剂,必须将原先的标签撕去,并贴上规范的试剂标签。

重要度 ★☆☆

实验室安全通识

化学安全 / 化学品储存最重要的原则是什么?

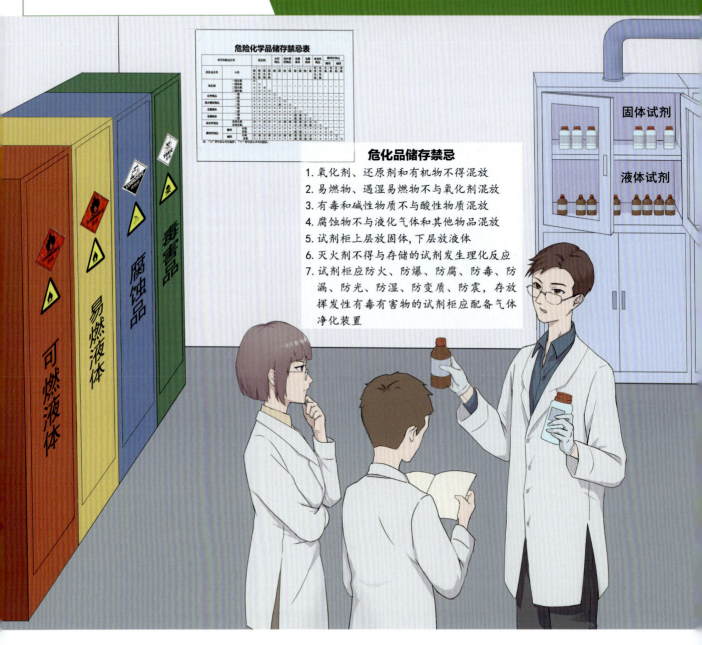

危险化学品储存禁忌表

危化品储存禁忌

1. 氧化剂、还原剂和有机物不得混放
2. 易燃物、遇湿易燃物不与氧化剂混放
3. 有毒和碱性物质不与酸性物质混放
4. 腐蚀物不与液化气体和其他物品混放
5. 试剂柜上层放固体,下层放液体
6. 灭火剂不得与存储的试剂发生理化反应
7. 试剂柜应防火、防爆、防腐、防毒、防漏、防光、防湿、防变质、防震,存放挥发性有毒有害物的试剂柜应配备气体净化装置

可燃液体

易燃液体

腐蚀品

毒害品

固体试剂

液体试剂

重要度 ★★★

什么是管制类化学品的"五双"管理？/ 化学安全　　**实验室安全通识**

实验室安全通识

化学安全 / 化学品发生溢洒如何紧急处置?

身体不得直接接触化学品。
化学品打翻时,可用吸液棉
或吸液带等进行吸附处理。

重要度 ★★☆

挥发性化学品如何安全鉴别? / 化学安全　**实验室安全通识**

重要度 ★ ★ ☆

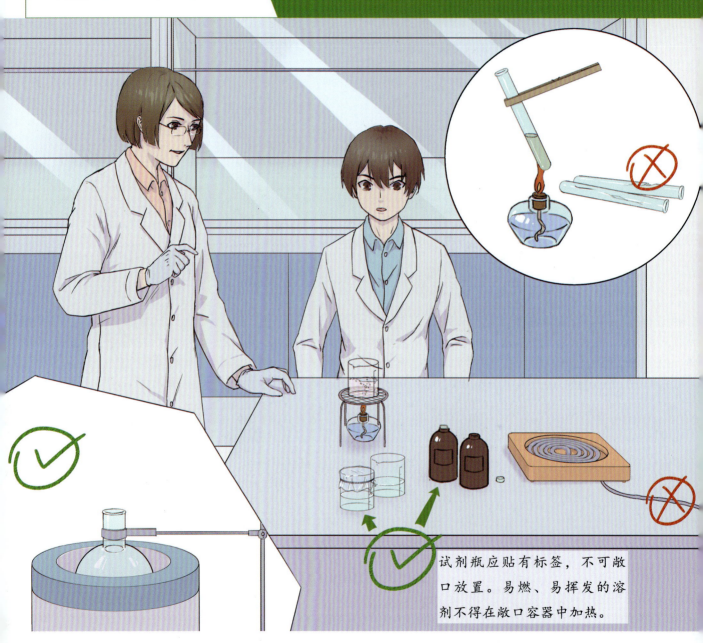

试剂瓶应贴有标签，不可敞口放置。易燃、易挥发的溶剂不得在敞口容器中加热。

化学废弃物如何正确处置? / 化学安全　**实验室安全通识**

化学废弃物应装入专用的容器内,不得随意丢弃,严禁向下水道倾倒废液或废物。

重要度 ★ ★ ★

实验室安全通识　化学安全 / 实验废弃物应如何存放?

重要度 ★★★

化学烧伤如何进行急救? / 化学安全　　实验室安全通识

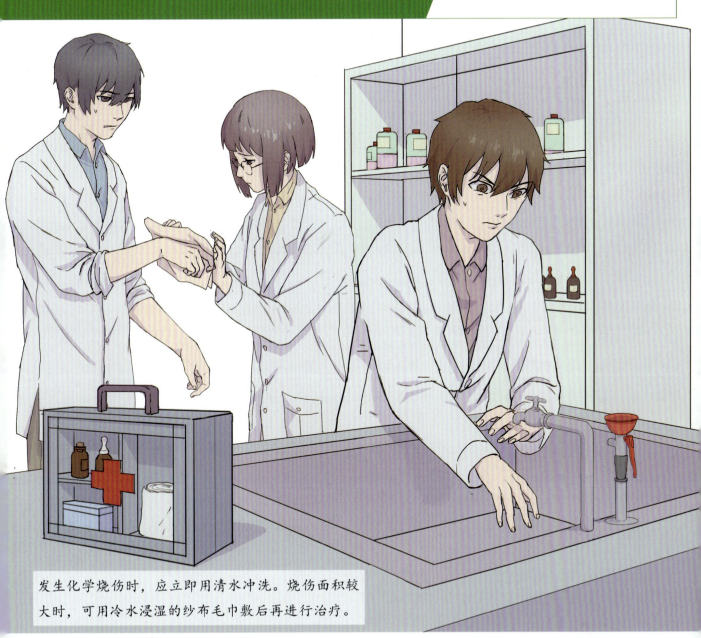

发生化学烧伤时，应立即用清水冲洗。烧伤面积较大时，可用冷水浸湿的纱布毛巾敷后再进行治疗。

重要度 ★★☆

实验室安全通识

化学安全 / 化学品沾染衣物如何处理？

不小心接触化学品后，应迅速脱去被污染的衣服，立即用大量清水或适合的溶剂冲洗。

重要度 ★★☆

化学品溅入身体和眼睛如何紧急处理？ / 化学安全　实验室安全通识

化学试剂不慎溅入身体或眼睛，必须立即使用应急喷淋、洗眼器或洗眼液等冲洗，并及时就医。

重要度 ★★★

实验室安全通识

化学安全 / 使用化学品专用冰箱有什么安全要求？

实验室冰箱存放的试剂、制剂和实验用品时：必须贴有标签并密封保存。冰箱内不得放置非实验用食物。

重要度 ★☆☆

易燃与助燃气体安全使用有什么重要规定? / 化学安全　　实验室安全通识

易燃与助燃气体不可混放。烘箱等加热设备周围不得放置易燃易爆物品，应放置在通风处，使用专用插座供电、定期检查校验温度传感器，烘箱每隔15分钟巡查一次，张贴操作规程和高温警示标识。

重要度 ★★★

实验室安全通识

化学安全 / 气体钢瓶使用有什么安全规定？

钢瓶颜色和字体应清楚且有使用状态标识，应建立台账。室内应设置气体探测报警和防爆型通风装置。

操作规程

台账

氮　甲烷

禁止混放
NO MIXING

重要度 ★★★

人体中毒如何紧急救治? / 化学安全　实验室安全通识

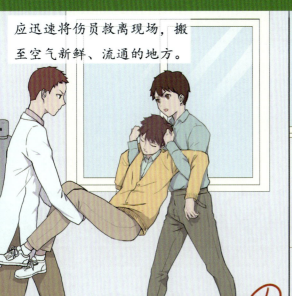

应迅速将伤员救离现场，搬至空气新鲜、流通的地方。

应松开领口、紧身衣服和腰带，以利呼吸畅通，使毒物尽快排出。

应实施外心脏按压紧急处置，电话呼叫120，说明中毒气体类型，以便对症下药。

应立即送医院治疗，接氧气（低流速）；注意保暖、静卧，密切观察伤情变化。

重要度　★★☆

实验室安全通识　　安全标志 / 红色安全标志表示什么？

红色安全标志是禁止人们不安全行为的图形标志。

禁止烟火
NO BURNING

禁止带火种
NO KINDLING

禁止触摸
NO TOUCHING

禁止吸烟
NO SMOKING

禁止用水灭火
NO EXTINGUISHING WITH WATER

禁止放置易燃物
NO LAYING INFLAMMABLE THING

禁止堆放
NO STOCKING

禁止启动
NO STARTING

禁止攀登
NO CLIMBING

禁止合闸
NO SWITCHING

禁止携带金属物或手表
NO METALLIC ARTICLES OR WATCHES

禁止饮用
NO DRINKING

禁止戴手套
NO PUTTING ON GLOVES

禁止入内
NO INTERING

禁止靠近
NO NEARING

禁止推动
NO PUSHING

禁止停留
NO STOPPING

禁止拍照
NO PHOTOS

禁止撞击
NO HITTING

禁止混放
NO FIRECRACKERS

禁止使用
PROHIBITION OF USE

重要度 ★☆☆

黄色安全标志表示什么？ / 安全标志　**实验室安全通识**

黄色安全标志是提醒人们对周围环境引起注意，以避免可能发生危险的图形标志。

当心火灾
WARNING FIRE

当心腐蚀
WARNING CORROSION

当心爆炸
WARNING EXPLOSION

当心微波
WARNING MICROWAVE

当心感染
WARNING INFECTION

当心触电
WARNING ELECTRIC SHOCK

当心中毒
WARNING POISONING

当心激光
WARNING LASER

当心伤手
WARNING INJURE HAND

当心机械伤人
WARNING MECHANICAL INJURY

当心电离辐射
WARNING IONIZING RADIATION

当心低温
WARNING LOW TEMPERATURE/FREEZING CONDITIONS

当心滑倒
WARNING SLIPPERY SURFACE

当心高温表面
WARNING HOT SURFACE

当心烫伤
WARNING SCALD

注意安全
WARNING DANGER

当心电缆
WARNING CABLE

当心自动启动
WARNING AUTOMATIC START-UP

当心碰头
WARNING OVERHEAD OBSTACLES

当心挤压
WARNING CRUSHING

当心夹手
WARNING HANDS PINCHING

当心磁场
WARNING MAGNETIC FIELD

当心扎脚
WARNING SPLINTER

当心裂变物质
WARNING FISSION MATTER

重要度 ★☆☆

实验室安全通识

安全标志 / 蓝色安全标志表示什么?

> 蓝色安全标志是强制人们必须做出某种动作或采用防范措施的图形标志。

必须戴防护眼镜
MUST WEAR PROTECTIVE

必须戴防尘口罩
MUST WEAR DUSTPROOF MASK

必须穿防护服
MUST WEAR PROTECTIVE CLOTHES

必须戴防毒面具
MUST WEAR GAS DEFENCE MASK

必须戴防护帽
MUST WEAR PROTECTIVE CAP

必须加锁
MUST BE LOCKED

必须戴安全帽
MUST WEAR SAFETY HELMET

必须洗手
MUST WASH YOUR HANDS

必须穿防护鞋
MUST WEAR PROTECTIVE SHOES

必须接地
MUST CONNECT AN EARTH TERMINAL TO THE GROUND

必须戴防护手套
MUST WEAR PROTECTIVE GLOVES

必须拔出插头
MUST DISCONNECT MAINS PLUG FROM ELECTRICAL OUTLET

重要度 ★☆☆

绿色安全标志表示什么？ / 安全标志　　**实验室安全通识**

绿色安全标志是向人们提供安全设施或场所等某种信息的图形标志。

紧急出口
EMERGENT EXIT

紧急出口
EMERGENT EXIT

避险处
HAVEN

击碎板面
BREAK TO OBTAIN ACCESS

急救点
FIRST AID

应急电话
EMERGENCY TELEPHONE

紧急医疗站
DOCTOR

可动火区
FLARE UP REGION

应急避难场所
EVACUATION ASSEMBLY POINT

重要度 ★ ☆ ☆

实验室安全通识

安全标志 / 如何识别危化品标志？

危化品标志是危化品的物化性质以及危险程度的图形标志。

 爆炸品 1

 剧毒品 6

 腐蚀品 8

 自然物品 4

 易燃固体 4

 氧化剂 5.1

 不燃气体 2

 杂类 9

 三级放射性物品 III 7

 遇湿易燃物品 4

 有机过氧化物 5.2

 有毒品 远离食品 6

 易燃液体 3

 感染性物品 6

 二级放射性物品 II 7

 一级放射性物品 I 7

重要度 ★☆☆

其他安全警示标志有哪些？/ 安全标志　　**实验室安全通识**

其他安全警示标志。

注意 CAUTION
离开实验室请
关闭水电气关好门窗
SHUT OFF THE LAB, PLEASE
TURN OFF THE WATER AND
ELECTRICITY AND CLOSE THE
DOORS AND WINDOWS.

注意 CAUTION
气体钢瓶用后
请关闭气阀
PLEASE CLOSE THE GAS
VALVE WHEN THE
GAS CYLINDER IS USED.

危险 DANGER
废液回收
WASTE LIQUID
RECYCLING

危险 DANGER
易燃液体存储区
FLAMMABLE LIQUID
STORAGE AREA

注意 CAUTION
试验进行中
请勿关闭电源
EXPERIMENT IN PROCESS
KEEP THE POWER ON

注意 CAUTION
请查阅化学品
安全技术说明
PLEASE REFER TO THE CHEMICAL
SAFETY TECHNICAL INSTRUCTIONS

实验完毕
物品归位

烘箱使用中
请每15分钟巡视一次
（烘箱上禁放易燃物）

注意 CAUTION
出门请脱工作服
和清洗双手
TAKE OFF LAB COAT AND
WASH YOUR HANDS
BEFORE LEAVING

警告/WARNING
使用本设备之前，
必须阅读并理解操
作手册和其他所有
的安全说明。
REFER TO OPERATOR'S
MANUAL.

节能降耗
随手关灯
请节约用电

电源柜
有电危险

注意 CAUTION
非紧急状态
严禁操作
OPERATION IS PROHIBITED
IN NON-EMERGENCY STATE

注意 CAUTION
保持通风
Keep ventilation

危险 DANGER
有机废弃物箱存储区
HAZARDOUS WASTE
STORAGE AREA

非工作人员
禁止入内

温馨提示
WARNING
请注意您已进入
视频监控区域
Caution you have entered
into video monitoring area.

所有访客必须登记
Rengister is required
for all visitors

重要度 ★☆☆